水耕栽培
多肉植物

米原政一 著

hydroponics life

水耕植物擁有創造空間的力量

PYREX

根在水中悠游，透過玻璃瓶，守護它的生命

一起打造自我風格

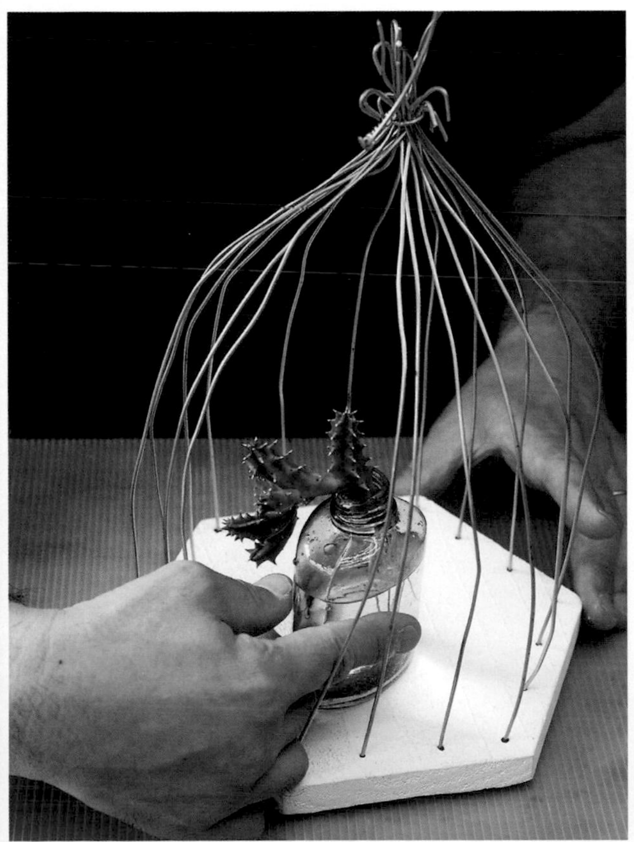

前言

即使房間擺著漂亮的家具，室內設計品味良好，
有時候還是覺得哪裡不夠好；
即使丟掉了不需要的東西，營造出好看的極簡風格，
總覺得還是沒辦法就此解決。

而這時，有一件事物或許能為人們帶來度過時光的溫情或生活，
帶來為了從事活動而不可或缺的豐富感，那就是——植物。
植物走入你我生活後，空間第一次有了生氣，
我認為它們擁有足以接納人的氣質。

本書將介紹讓植物參與生活的方法——水耕栽培法。
水耕栽培是不使用土壤，只用水來培育植物的栽培方法。
不需要經歷選土等處理過程。
水耕栽培需要換水，但不用澆水；
因此不用擔心自己會忘記、澆太多或做得不夠。
不費時也不費力，就能守護植物的生長。

水耕栽培不會發生碎土散亂，弄髒室內的問題，
所以非常適合作為室內培養植物的方法。

水耕栽培的另一魅力，就是享受根部的生長過程。
以我自己來說，看到植物在眼前展現生命力時，內心經常得到一股能量。

多肉植物中有許多容易照料的品種，因此本書將介紹多肉植物的水耕栽培。
為了傳授不會失敗的入門法、培育法、玩樂法，
並且為空間帶來更豐富的感受，
我將以室內裝飾與協調的風格為例，為你帶來說明。

照片中會出現許多我喜歡的古董家具或工具等事物；
不論是老舊的事物，還是摩登的室內裝飾、充滿無機物的空間，
水耕植物一定都能完美地調和並溫暖我們。
希望這本書能夠為你帶來一些提示，
幫助你豐富每一天的生活。

水 耕 栽 培 多 肉 植 物

C O N T E N T S

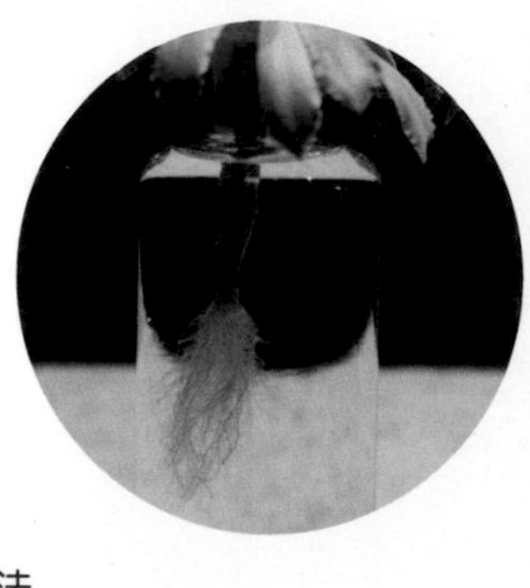

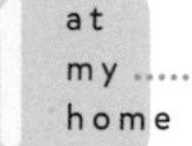

at my home

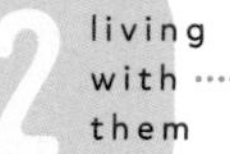

living with them

do it youself!

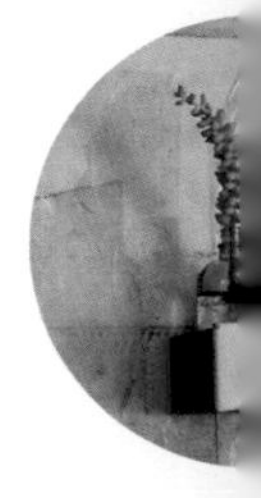

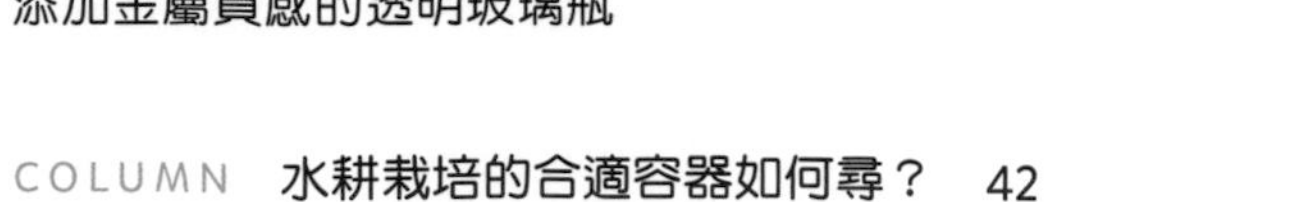

1 at my home 室內享受水培樂趣

其實水耕栽培的方法真的非常簡單。
任何一種多肉植物的水耕栽培法都是一樣的。
這裡將為你講解，適合初次挑戰水耕栽培的
植物、工具種類，以及基本的栽培方法。

❖我開始水耕栽培的契機，發生在以前經營花店的時候，我將斷掉的枝條或莖部插進水裡，過不久植物長出根，我才知道它依然會逐漸成長。

❖左邊的昆士蘭瓶幹樹，是大約兩年前從某個住宅搬來。它本來是種在盆栽裡，後來葉子枯萎脫落，整株萎縮且瀕臨死亡。我得到靈感，想到「說不定水耕栽培可以讓它活過來」，後來也確實長出根，並且重新活了過來。

❖用水耕栽培的植物，不會承受土壤帶來的壓力，因此許多不耐土的植物也能再生。

❖如果是第一次嘗試水耕栽培，請選擇在不知不覺間衰弱的植物，或是挑戰看看曾一度忘記照料的植物吧。

水耕栽培需要準備哪些東西？

❖開始進行水耕栽培時，先準備好用來裁切盆器或土中根部的美工刀。

❖水耕栽培的一項魅力，就是可以觀察根部的生長情況。為了便於觀察，建議使用透明的玻璃容器承裝。雖然使用透明的塑膠容器也沒問題，但進行清潔或伸手進去時容易傷到瓶身，在維持透明感方面有些困難。

❖為水培容器換水時，如果十分在意玻璃瓶表面的髒汙，不妨使用不含研磨材料的海綿或矽膠製海綿清洗。洗滌後，再用超細纖維抹布擦拭瓶身，玻璃表面幾乎不會留下細毛。

❖剪刀也可以用來修剪根部，但也可能會破壞負責將水往上吸的維管束，因此還是建議用美工刀會比較好。

at

my

home

❖只用水就能栽培大部分的植物嗎？如果你對此抱有疑問，請回想一下小學自然課上，風信子或番紅花等植物的水耕栽培經驗吧。

❖在容器中放入球根植物，確認水面是否切過球根底部的邊緣；植物發根後會發芽生長並開花。

❖多肉植物也能夠採用相同的方式，只用水來栽培。陽光、水，還有包含在水中的少量無機物營養成分（自來水中也有），以及空氣中的二氧化碳，植物吸收後便會行光合作用，獲取得以維生的能量。

❖我想分享一個和本書主題不相干的題外話。回顧小學時光，水耕栽培球根植物也是很不錯的體驗呢。納麗石蒜、葡萄風信子或番紅花之類的植物很容易培育，還可以欣賞美麗的花朵。

小學的自然課
即是水耕先修班

水耕栽培初體驗
仙人掌最適合

❖如果想將本來以土栽培的植物，認真改成水耕的栽培方式，建議先從仙人掌開始挑戰。水耕仙人掌幾乎不會失敗。左邊的柱狀仙人掌是我花了3年以上，以水耕栽培的仙人掌，長得相當好。

❖一般來說，在盆栽等容器中以土壤培育仙人掌時，如果太頻繁地澆水，根部很容易腐爛。根部腐壞的原因可能是因為仙人掌未吸收完全的水分流進土裡，造成雜菌開始繁殖。

❖不過，水耕栽培不需要擔心這個問題。相關研究的論文顯示，分別用土和水栽培仙人掌緋牡丹並進行比較，發現水耕緋牡丹不論在高度上還是直徑上，都生長得比較高大。

如何開始水耕栽培？

多肉植物通常有休眠期和生長期，建議從生長期開始進行水耕。
將植物的基底從土壤改成水，只要以正確的順序處理，就能順利移植。

1

切掉原本的根

如果要將原本種在土裡的植物改成水耕栽培，需要先破壞植物附近的土，同時注意不要傷到根部，將植物從土中拔出來。接著用手清理植物表面的土或沙子，再用水沖洗。美工刀使用前先火烤消毒，保留約2㎜的根部，快速切除其餘部分。
如果想用水栽培斷掉的植物，也是以同樣的方式消毒美工刀，並且整齊地切除斷掉的部分。

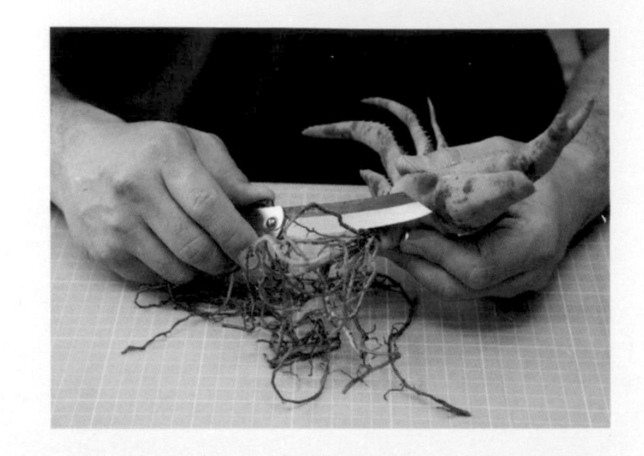

2

室內放置風乾

將植物放在報紙上靜置，並且放在室內日照處約2～3天的時間，待根部風乾。
植物會在這個階段以本身儲存的醣類來封閉傷口，因此這是必不可少的步驟。
如此一來，原本在土中生長的根便完成了它的工作。

3

放入容器中

在裝了水的玻璃容器中放入植物，植物根部的切口需要剛剛好接觸到水面。
也可以先試著將植物放入空的容器中，再一邊倒水，一邊確認水位是否到達切口的高度。加水的時候要記得先將植物拿出來。
將植株置於室內的光照處，每2～3天換一次水，等待植物發根。快的話大概2～3週，慢的話大概會在2個月後長出新的根。

水耕栽培的方法

接下來將介紹如何將植物從土中栽培改成水耕的栽培環境，使其順利生長的內容。
儘管水耕不會花太多心力，但每天觀察植株狀況是很重要的事。

換水與換水量

◎依照左頁介紹的步驟，當植株長出新的根，便要將水加到根部前端3㎜的高度，讓根部生長。等根部長得更長了，還不能讓整個根部泡在水裡，水面至少要距離植株的根部交界處30㎜，讓根部能夠接觸到空氣（請參考上方照片）。

◎建議每週換水一次。但是，根部快速成長的時期，或是遇到氣溫變高的季節（約23℃）時，水中的氧氣減少，很容易變混濁。混濁的水就是換水的暗號。每天都要觀察植物，如果覺得水變混濁了，就要換水。

放置地點

◎室內植株儘量放在明亮且通風的場所。但是，有時容器裡的水溫可能會過高，所以要避免擺在陽光直射的地點。

◎一般來說，寢室或洗手間，尤其是公寓的玄關，這些地方都不夠明亮。放在這類地點的植物，建議每週需要換一次位置，移到比較明亮的地方。

◎搭配植物栽培專用的LED燈，也是用來補光的好方法。只不過有時LED燈的變壓器會散發熱能，反而造成植物衰弱，所以最少應與植物保持15㎝的距離。

肥料

◎剛開始我試過很多水耕初期使用的開根劑，或者是很多栽培用的肥料，但使用後卻發現水中很容易長海藻，根部也容易燃燒變色，這樣就無法觀賞到植物本來的美，因此不建議使用肥料。

◎如果無論如何都想嘗試看看的話，建議選用不容易長海藻的水草專用肥料。

不同季節的注意要點

◎許多多肉植物都有生長期與休眠期，有些發生在夏天，有些發生在冬天；水耕栽培時，即使植株處於休眠期，根部還是會慢慢地生長。所以要不分季節地每天守候植株，水變混濁就要勤加換水，這是最重要的一點。

若發生徒長則重新處理使其再生

◎水耕的植物需要放置在室內非陽光直射的地點，因此有可能會發生徒長的狀況。雖然也可以繼續栽培，但如果很在意徒長的問題，可以切掉葉片正上方的莖，並且依照上面介紹的步驟，重新進行栽培。

◎下方原本就浸泡在水中的根，則要移到更明亮的地方繼續培育。

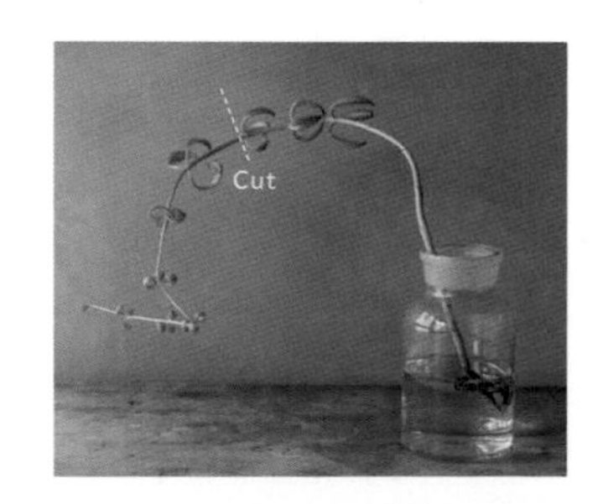

living with them 生活中體會水耕植物的美好

將水耕植物放在每天都會經過的地點，
植物似乎能帶給我們一股力量。
這種神清氣爽的感覺真好。
接下來將介紹家中有趣的植株擺放位置，
以及水耕栽培時需要注意的訣竅。

玄關

出門時、回家時、某人來訪時，
水耕植物如高貴的插花般，為我們營造清新的氛圍。

廚房

柔和陽光映入的地點，有鮮活的植物真好。
水耕植物也不需要擔心碎土散亂的問題。

KILCHOMAN
THE GLENLIVET
12
Pulvis

Living with them

與單枝花瓶或喜歡的空罐子放在一起

擺得整整齊齊的調味工具，
只是排列在一起就能形成一幅畫。
它們是小型水耕植物的絕佳裝飾品。

[攝影協助]（P20～23）
喫茶館 mammal
https://kissamammal.storeinfo.jp
東京都世田谷區世田谷3-14-16
安藤生活合作協會100室
Tel: 03-5799-4230

洗手台周邊

運用植物在水中生長的力量，
似乎能營造出清新的空間。

攝影協力：裝身具 LCF

家中植物擺放地點的玩味之處

ENTRANCE

玄關

◎插花這門藝術，是透過一些花朵將空間創造成另一個世界，深入感受人的內心。我覺得水耕栽培的多肉植物，只需要一株植物，就能讓我們感受到類似插花的效果。出門時、回到家中時，打開家門的那個瞬間，能讓我們感受到一個獨特世界的植物真好。

◎可以放在玄關的鞋櫃等家具上。要不要試著思考，哪些植物品種或擺放位置可以調和整個空間的感覺呢？

KITCHEN

廚房

◎廚房是製作美味料理的幸福之地，對烹飪的人來說，也是必須集中精神的工作地。下廚時，我們通常不會察覺當下的活動動線其實相當複雜，因此建議將植物放在窗邊等地點。

◎另外也很推薦水耕栽培藥草類植物，葉片可以慢慢裁切使用。火爐附近的地方很容易被飛濺的高溫油波及，請避免將植物放在這類地方。

WASHBOWL COUNTER

洗手台

◎洗手頻率愈來愈高的生活正持續進行，在洗手台上擺放植物，讓我們度過平靜的時光。

◎如果植物帶有就更好了。仙人掌科的曇花、奇想丸或大花香水月季，以香味作為主題也是不錯的點子喔。

◎不過，有許多多肉植物不喜歡接觸到水，所以建議選擇骨碎補類、蕨類、風信子或葡萄風信子等植物。

不要固定放在同一個地點 偶爾也要換個環境

◎正如P19的說明，水耕多肉植物的鐵則就是不能放在陽光直射的地方。此外，水耕栽培的植物當中，在陽光少於土栽培時期所需的前提下，依然有許多植物能順利生長。這表示水培是非常適合室內體驗的栽培方式，不過植株依然是需要陽光的一種生命。為了讓植物順利成長，還是必須給予一定程度的光照。

◎住宅格局各有不同，有些房間可照到陽光，有些房間則陽光進不來；尤其是許多公寓的玄關或洗手台等地方，幾乎都是接收不到日光的空間。只有在使用時才會開燈的空間，可不能放著一株植物就撒手不管了，建議每週都要改變一次放置地點。

與餐桌上的植物對話

正因為經常待在一起，
更要關心植物是否朝氣依舊。

ON A DINING TABLE

餐桌

運用水耕開花，
蘿藦科縞馬。

科學已證明
植物可帶來放鬆的效果

◎忙碌的每一天中，即使時間再短，都要珍惜能在家裡的飯桌上吃上一頓飯，度過平靜愉快的時光。如果能在這裡擺上自己喜歡的植物就好了，一個人在飯桌前也不會感到孤單。

◎應該會愈來愈常跟大自然或植物對話吧。「你還好嗎？我很努力喔！」問候植物時，請記得確認它的健康狀況。水是否變混濁了？葉子或莖部的顏色有變嗎？有枯萎嗎？請及早發現應該換水的時機點，或是留意什麼時候需要將植物移到日照更強的地方。

◎植物偶爾會長出花苞，有機會看到它開花。花朵一定會讓我們的心情更放鬆。事實上，已經有幾間研究機構經過科學證實，放在室內的植物具有緩解壓力的效果。

◎根據這些研究，放在近處的植物，能帶來比遠處植物還要好的放鬆效果。此外，據說大型植物的舒緩效果比小型植物還好。

◎植物之所以能為我們帶來放鬆效果，或許是來自於見證植物成長過程的真實感，或是用心照料植物的滿足感。

與電腦一同擺放桌上

植物是否擁有比AI更優秀的能力？
科學為我們解答的日子已不遠。

ON A DESK

書桌

綠色植物尤其具備
恢復眼睛疲勞的提神力量

◎遠距工作盛行，應該有更多人在家用電腦工作的時間變長了。因此這裡將提出特別一點的方案——電腦與水耕植物的結合。

◎無機物造型的電腦旁擺著活生生的植物，這個情景是很不錯的風格，而且不僅如此，對於使用電腦又照料植物的人來說，更是一件好事。

◎第一個原因在於植物的效果，它們可以恢復電腦螢幕引起的視覺疲勞感。相關研究顯示，綠色植物是緩和視覺疲勞時效果最好的植物。專注地使用電腦之後，如果眼睛感到痠澀，看看一旁的植物應該會有幫助。

◎順帶一提，研究結果發現帶有斑點的植物，對眼睛紓緩疲勞的效果更好，但從紅色植物身上卻看不到類似的效果。就這層意義而言，水耕栽培多肉植物可說是最理想的方式。

◎另外，某段時間曾出現過仙人掌可以吸收電腦電磁波的傳聞。聽說美國國家航空暨太空總署NASA曾發現一種名為六角柱的仙人掌，會吸收電腦或手機發出的電磁波，但無法確定這件事的真實性。

◎植物似乎還隱藏著許許多多我們仍未知知曉的力量。我覺得生活中有水耕植物的陪伴會是一件很棒的事。

3

do it yourself！

挑戰獨創的水耕栽培風格！

水耕植物本身就已經非常有存在感了，
不論放在何處都能展現獨特的樣貌，
為植物準備一個特別的觀賞台，也是很有趣的玩法。
想不想製作全世界獨一無二的觀賞台呢？
我們一定會對親手打造的事物產生更多情感。

黃銅金屬線製作而成的美麗籠子

水耕植物被黃銅色的光芒包圍著，被小心翼翼地培育著。
如鳥籠般的觀賞台，好似溫暖地守護著植物。

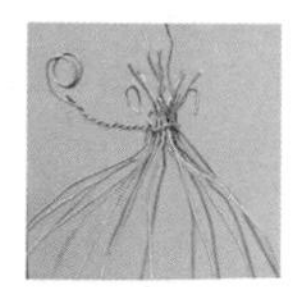

金屬絲可以輕鬆進行加工

推薦使用黃銅的金屬絲，不僅好操作且不容易生鏽。
可以請五金行協助裁剪金屬絲。

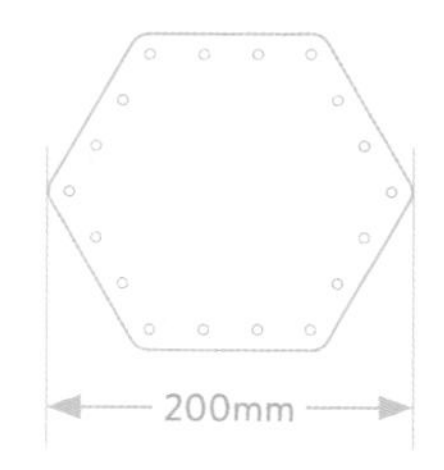

◎必要用品

- 黃銅金屬絲18條（直徑2㎜，長度300㎜）
- 黃銅金屬絲1條（直徑2㎜，長度200㎜）
- 硬度偏軟的木板1片（厚度10㎜，四邊長220㎜）
- 紙型專用紙、水性壓克力顏料（喜歡的顏色）、紙膠帶、瞬間膠

◎準備

依照紙型的樣式裁切木板（也可以請五金行等店家協助裁切），表面塗上水性壓克力顏料並等待風乾。木板完全風乾後，在邊緣內側貼上紙膠帶，並在距離邊緣10㎜處，以相同的間隔打上18個記號。

1 在事前做的記號上，以螺絲起子或電鑽打洞。注意不要穿透底部。

2 在洞裡和金屬絲的底端塗上瞬間膠，逐一將金屬絲插進洞裡。

3 將步驟「2」的18根金屬絲上端集結起來，用20㎝的金屬絲纏繞並輕輕地扭轉。

4 用老虎鉗扭轉步驟「3」的金屬絲，確實綁緊。

5 將「4」金屬絲的尾端繞圈並調整形狀，然後逐一整理「3」的金屬絲上端，依照喜好調整每一根的形狀。

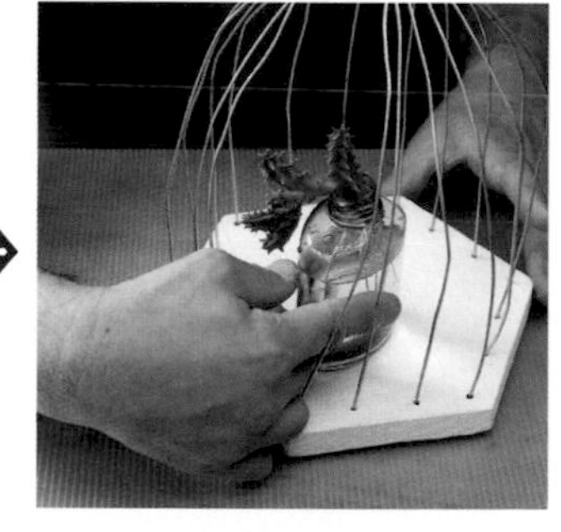

6 彎折並打開2根金屬絲，將水耕植物放進去。

散發的光暈微微流轉
檯燈

散發出悠長歲月的獨特歷練感。

利用舊木材與裸燈泡，以懷舊的燈光照亮植物。

訣竅在於找尋質感不錯的木材

不同質感的板材具有不同的風格變化。
搭配植物、玻璃盆器、燈泡純淨的光，選出合適的板材吧。

◎必要工具

- 老舊木板1片（厚20㎜，寬140㎜，長800㎜）
- 燈泡1顆、電線（燈泡專用的燈座、開關、插頭套組）
- 黃銅片2片（厚0.1㎜，寬12㎜，長50㎜）
- 無電鍍的鐵製木工螺絲4根（長45㎜）
- 木工螺絲4根（長20㎜）、鐵釘4根（長16㎜）
- 鋸子、鑿刀、雕刻用平刀、木工專用膠、螺絲起子或電鑽

◎準備

將木工螺絲與釘子泡入鹽水（濃度適度即可）一個晚上，避免零件生鏽。將木板分別裁切成200㎜、250㎜、350㎜的長度（也可以請五金行協助裁切）。在黃銅片的表面放一張砂紙。

切下來的木片留著不要丟掉。

⇒

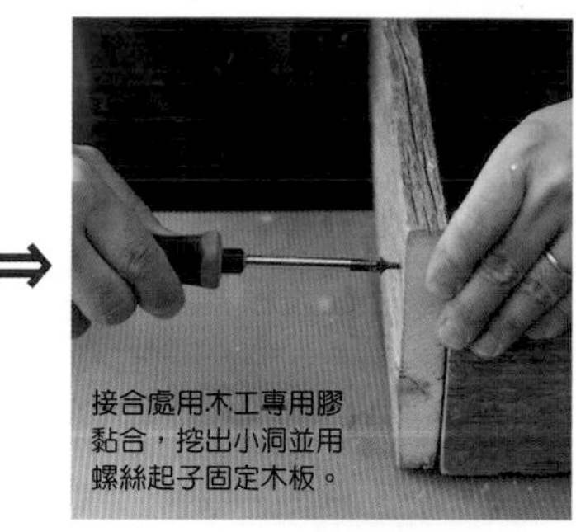

接合處用木工專用膠黏合，挖出小洞並用螺絲起子固定木板。

⇒

1 將350㎜的木板作為支柱，並用鋸子在其中一端切出兩條間隔10㎜、長度為30㎜的割痕，然後用鑿刀或雕刻用平刀切掉一塊「ㄈ」字型的木塊，做出開口。在完成的木板上，垂直放好用來安裝燈泡的上方木板（200㎜），以木工專用膠與鐵製木工螺絲（長45㎜）將兩片木板接在一起。

2 將電線穿過步驟「1」的開口，接著用20㎜的木工螺絲將燈座安裝在「1」的上方木板上。

⇒

⇒

3 將電線連接插頭的一端貼附在「1」的木板中央，以黃銅片將電線固定於兩處。將黃銅片覆蓋在電線之上，在黃銅片的兩端打上釘子，注意不要壓壞電線。

4 在「3」的木板上垂直接合底面的木板（長250㎜）。用和「1」相同的手法固定。

5 在「2」安裝的燈座裡放入燈泡，再用「1」切下來的木片封住開口，大功告成。

享受植物在空中擺盪之樂

垂釣框

根部在透明的水中晃動，彷彿綠色的身體正在平靜地呼吸著。
若想觀賞植物的身姿，很適合放在窗邊喔。

藉玻璃容器與板材的大小，決定開孔的位置

完成外框後，預先設想容器安裝後的樣子，
謹慎地決定開孔的位置。

◎必要工具

- 老舊木板1片（厚20㎜，寬140㎜，長1400㎜）
- 無電鍍的鐵製木工螺絲8根（長45㎜）
- 棉繩2條（長度為垂釣距離加上500㎜）
- 用於水耕栽培的玻璃容器2個、鋸子、弓形線鋸、雕刻用圓刀或電鑽、木工專用膠、螺絲起子或電鑽、剪刀

◎準備

將木工螺絲與釘子泡入鹽水（濃度適度即可）一個晚上，避免零件生鏽。將木板切成4片，長度為350㎜（也可以請五金行協助裁切）。

⇒

⇒

1 將木板的長邊3等分，畫出2個記號，再將木板放在夾板上，在上面打出直徑10㎜的洞。可以用電鑽、弓形線鋸或雕刻用圓刀使勁地挖洞。

2 採用與P35相同的作法，將4片木板做成「口」字型，分別在每片木板的兩端以木工螺絲固定。

3 將棉繩的其中一端纏繞並綁住玻璃瓶口的下緣，另一端則往上穿過「1」木板的洞口。

⇒

4 將穿出木板的繩子繞一圈後穿繩打結。也可以用黏著劑固定，避免繩子脫落。

5 用剪刀剪掉「5」打結處上方多餘的繩子，作品完成。

手工拼貼畫與喜歡的盒子

只做一小塊面積也沒問題，一起製作好看的拼貼畫吧。
在上面擺放自己喜歡的盒子，完成一件「作品」。

經過排版，就能將好看的紙張做成拼貼畫

剛開始製作拼貼畫的難度似乎很高，
但只要運用幾種符合喜好的紙張，就能做得很好！

◎必要工具

- 拼貼畫專用板、拼貼紙
- 和室拉門專用漿糊、木工專用速乾膠
- 喜歡的小盒子
- 無電鍍的鐵製木工螺絲，每個盒子需準備2根（選擇可固定拼貼畫專用板與盒子的長度）
- 刮刀、螺絲起子或電鑽

◎準備

將木工螺絲與釘子泡入鹽水（濃度適度即可）一個晚上，避免零件生鏽。將木板裁切成方便使用的大小（也可以請五金行協助裁切）。

1 用刮刀沾取漿糊或速乾膠，在紙張背面塗上薄薄一層黏膠，接著放在木板上，用手壓住紙的表面並黏貼上去。一邊思考排版方式，一邊重複黏貼，完成拼貼畫。

⇒

2 思考完成的拼貼畫與盒子的協調性，選出適合的盒子。

⇒

3 決定盒子的擺放方式。

4 使用螺絲起子或電鑽，將盒子固定在拼貼畫上。

添加金屬質感的透明玻璃瓶

水耕栽培的其中一項魅力，就是可以親眼見證根部的成長過程。
為玻璃容器加入金屬感，製作出原創的栽培瓶。

使用黃銅片，輕鬆營造金屬感

使用真實的黃銅片，便能製作出吸睛的瓶子。
製作重點在於事前精準地量出黃銅片的尺寸。

◎必要工具

- 黃銅片（厚0.1mm）
- 雙面膠（寬5mm）
- 美工刀、切割墊或厚紙板
- 金屬尺、海綿砂紙（1500號）

◎準備

選好想要的玻璃瓶後，在瓶子周圍繞一圈雙面膠或繩子，測量瓶身的圓周長。建議測量時挑選瓶身約1/3高度的位置，決定黃銅片的大小。

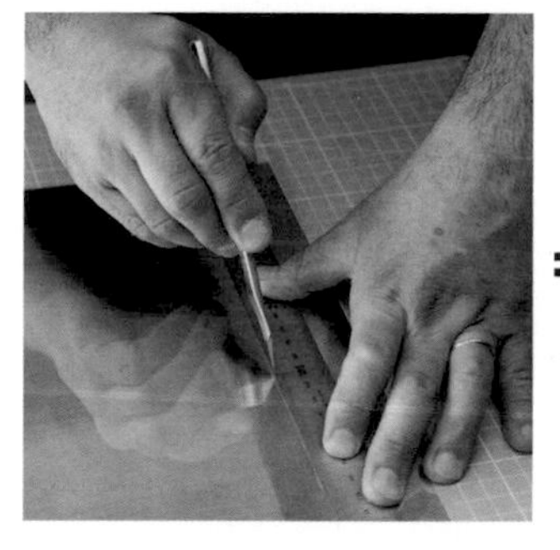

⇒

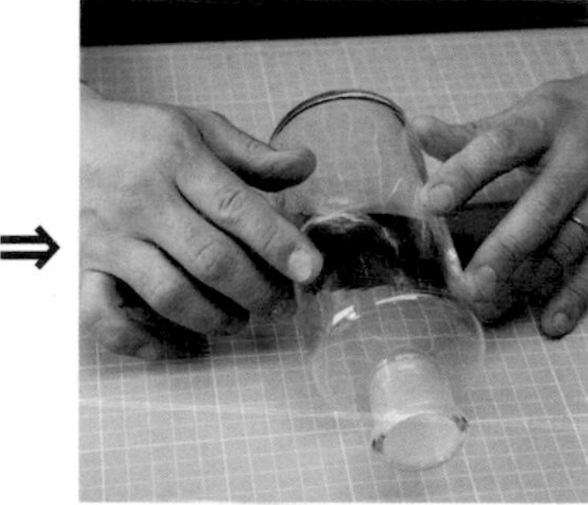

1 在切割墊或厚紙板上，攤開並壓住黃銅片，依照「準備」階段決定的大小，將黃銅片切割下來。長度需要包含貼合處的部分，因此要比瓶身圓周長多5mm。

2 在一部分的黃銅片和瓶子底部的邊緣貼上雙面膠，往下黏貼時要避開瓶子底部有厚度的地方，然後擺好瓶子。

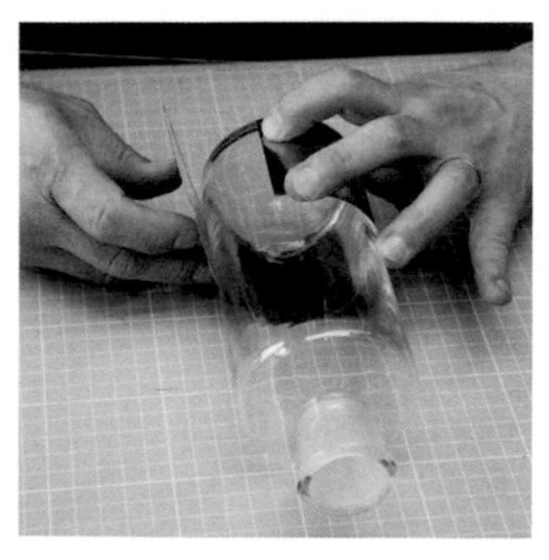

⇒

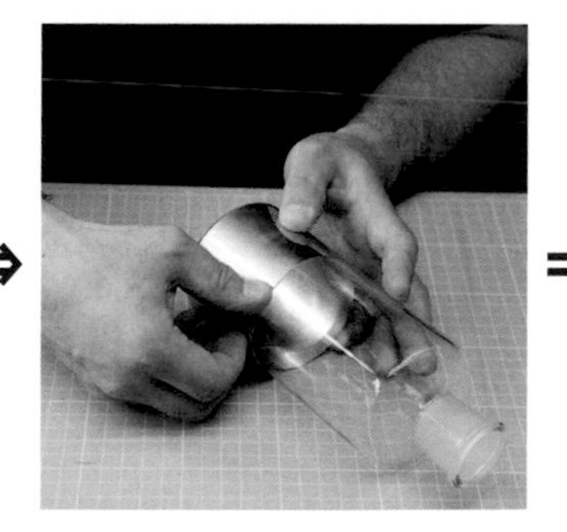

⇒

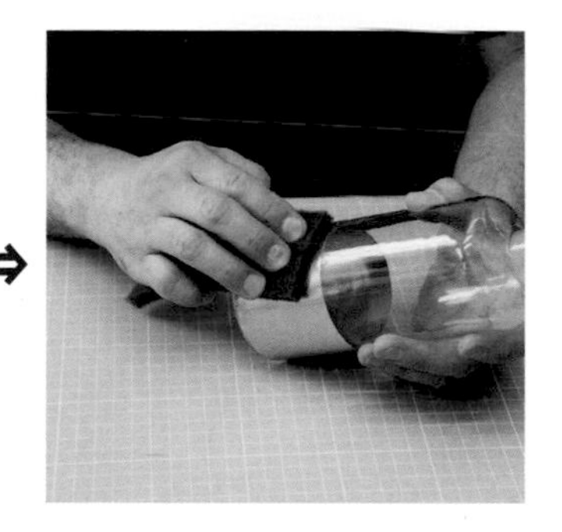

3 將黃銅片環繞在瓶子身上，注意不要貼歪了。

4 繞好以後，透過「2」事前貼好的雙面膠固定黃銅片。

5 如果想要製作霧面效果，可用海綿砂紙擦拭黃銅片。

水耕栽培的合適容器如何尋？

選擇根部不會完全
泡在水裡的容器大小，
挑選容器的訣竅在於
可觀察根部的生長狀況。

植物搭配
可用來當作塞子
的小道具

A

GLASSWARE

嘗試使用
喜歡的玻璃容器

3

動手切開
報廢燈泡的金屬部分，
改造成特別的容器

GLASSWARE

首先，請先觀察生活周遭 從近在眼前的物品開始尋找

◎正如P17的說明，水耕栽培最重要的關鍵在於植物的根不能完全泡在水中。保持乾淨漂亮的容器，才能欣賞根部的生長過程，因此建議使用玻璃製材質（→P13）。只要符合這兩項條件，使用任何容器都沒問題。

◎要不要先挖出沉睡在家中一隅的玻璃容器呢？例如，果醬罐或調味罐之類的容器，說不定會找到值得珍愛的好物喔。

◎如果瓶口大到讓植物掉下去，可以像上面A一樣，搭配一個可以當作塞子的東西。或許也能使用餅乾、甜甜圈的烤模或餐巾環等用具。五金行等雜貨賣場中，有販售中間開孔的碟型墊片，或是螺旋狀的平面螺旋彈簧。不妨花點心思，一起找看看適合的零件吧。

◎B圖，與舊藥瓶擺在一起的理科實驗用具堆裡，似乎能找到形狀很有趣的容器。

◎C圖的燈泡，用裁切金屬的刀具（百元商店有販售）切掉開口的地方，將燈泡裡面的東西拿出來，便能完成一個容器。另外使用與燈泡的金屬部分相同顏色的金屬線，纏繞後再將燈泡吊起來。為避免換水時傷到手，請用金屬銼刀打磨切口。如果能找到感覺不錯的燈泡就太好了。

their backgrounds 運用背景色，賦予水耕植物全新形象

植物和玻璃瓶，都會因背景顏色的不同而改變印象，
它們特別的風貌也會產生很大的變化。
我們可能很難將家中的牆面全部重新上漆，
但可以將質感不錯的板子立在某個地方，
擺上水耕植物，打造出喜歡的小空間。

4

BLACK

黑色是一種不可思議的色彩，

同時醞釀日式與西式風格

BLACK

黑色最適合用來襯托
光線穿透水耕玻璃容器的剔透感

◎左頁和上面的照片，是將漂流木片裝在黑色的牆面上，並放上水耕植物後的樣子。你覺得是現代和風，還是西洋風格呢？答案應該因人而異吧。黑色在室內裝潢中，同時適合日式和西式設計，是用途相當廣泛的顏色。

◎不僅如此，黑色還能為空間帶來緊張感。就像植物的綠色一樣，黑色和其他顏色擺在一起時，會形成強烈的對比。黑色幾乎不反光，會吸收所有光線，因此可以欣賞到光的景色。光線通過時會形成更美麗的色彩，光穿透水耕植物的玻璃容器時所帶來的美感，與其他顏色相比，黑色在這方面的展演效果上更是超群。

◎上方照片的牆面特別經過霧面加工，不過也可以選擇帶有光澤感的塑膠材質。經過打磨加工後，質地會變得比較白，便能形塑出和原本材質截然不同的風貌。

WHITE

白色，無人不愛的萬用色

WHITE

白色可變化成豐富多樣的顏色
希望能找出屬於自己的白色

◎白色與黑色相反，不會吸收光線，會反射所有的光。和白色擺在一起的事物，看起來更加明亮。應該不會有人討厭白色吧？白色可說是能讓任何事物變美的無敵顏色。

◎在牆壁或板子表面塗上白色時，建議不要使用純白色，而是要混合一點其他的顏色。喜歡穿T恤或素面襯衫等白色上衣的人應該很了解，雖然同樣都是白色，但當中也有分成很多種，顏色之間仍有著微妙的差異。

◎要不要試看看在白色油漆裡混入灰色、藍色、奶油色或米色？一起找出適合自己的白色吧。

◎調出有微妙差異的白色後，如果像上方照片那樣刻意做出破損感，看起來就會很像一幅畫。些微的髒汙可使顏色散發出更有深度的感覺。如果底色選用純白色，看起來只會是單純的材質耗損，沒辦法改變牆面的「風味」。

GRAY

灰色，

富有深沉調性的寧靜色彩

GRAY

淺灰搭配淺褐
尤其能烘托出靜謐中的美感

◎現在有愈來愈多住宅裝潢選擇灰色的牆面。灰色不僅成熟時尚，還能為環境塑造沉穩寧靜的氣氛，因此淺灰色是寢室或書房牆壁裝潢中，相當受歡迎的顏色。

◎灰色的色彩多樣性不亞於白色，例如綠色系、藍色系、卡其色系……。和白色的不同之處，在於可透過深淺變化欣賞不同的色調。

◎其中特別是淺灰色搭配淺褐色，可以使室內裝潢的美感更上一層，可以說是相當適合植物的一種顏色。左頁照片的仙女之舞，擁有偏褐色的葉片，而上方照片中的白邊竹蕉，則具有褐色的莖幹。可以襯托出褐色的顏色，並不是黑或白，而是淺灰色的背景。

◎目前已經介紹了黑色、白色與灰色的背景特色，不妨先運用家裡現有的素材，嘗試製作小面積的背景區塊吧。

5

furniture and them

利用家具妝點水耕植物

目前已介紹在家中體驗水耕栽培的方法。
我們的居家環境中有許多家具，
有新添購的居家用品，
也有長期陪伴著我們的家具。
接下來將運用家具或居家用品，
介紹不同風格的水耕栽培範例。

玻璃櫃中

層 架 上

收 進 抽 屜 裡

置於照明燈具上

家具與
水耕植物的搭配法

IN A GLASS CABINET

玻　璃　櫃　中

在自己專屬的收藏櫃或餐具收納櫃裡，試著擺出一些水耕栽培的植物吧。只要一株植物就能營造出存在感十足的植物園。玻璃器具、瓷器等物品，或是空氣鳳梨都和水耕植物很搭。除了玻璃櫃以外，附帶玻璃門的家具中也可以擺放一些水耕植物。

ON A SHELF

層　架　之　上

有兩層以上的層架中，應該有適合以水耕植物裝飾的空間。將盆栽植物、附生植物、自己很喜歡的小東西或相框擺放在一起，看起來就像一幅畫呢。打造空間時，要思考同一排層架的水平線上應該放什麼、不放什麼，同時也要考慮到它的上下層又該如何安排。

IN DRAWERS

收　進　抽　屜　裡

衣櫃、收納書本的盒子、有抽屜的家具，這些東西都能替水耕植物做出不同的造型。只拉出一個抽屜並放入植物，肯定很適合。如果要使用多個抽屜，擺放位置之間的平衡、抽屜拉出的長度都會影響整體的印象，因此請找出最適合的擺放方式吧。

ON A LUMINAIRE

置　於　照　明　燈　具　上

有沒有像餐廳吊燈之類、頂部相當平坦的燈具呢？如果燈具上方可以擺放水耕植物，就能欣賞到空間與植物共同演繹的獨特氛圍。不過，這種布置方式必須小心避免水漏出來，不容易長期裝設，但或許適合在特殊的日子挑戰看看也不一定。

like an artwork

水耕栽培為藝術的新形式

水耕植物彷彿是一種藝術品，
具有任何事物都無法取代的獨特性，以及宛如永恆的美麗外型。
這些水培之下的植物，在眾多以觀賞為目的的事物中，
是否也為我們展現了鮮活的生命力？
接下來將介紹我挑戰的5件水耕植物作品。

看見植物一吸一吐的桌子

❖洋溢著綠色生命的庭園式盆景，可從正上方俯視下方的動態，讓我們產生了彷彿化為一隻鳥的感覺。盆景上方放著無機的透明玻璃板，具有桌子的功能，將下方散發出的生命力，以及上方延伸的空間區隔開來。另外在玻璃板上擺放一株雙飛蝴蝶。雙飛蝴蝶或許和桌邊的人一樣，在上面看著底下許多植物，享受著這種壯大的感覺。

Acidum
Azoticum

大型餐具櫃中的美術館

苔蘚與水耕植物的畫作

水晶吊燈的光輝之中

放著珍愛之物的標本櫃

作為藝術素材的
水耕栽培植物

MUSEUM

餐具櫃中的美術館

◎桃花心木製的大型餐具櫃，約使用於120年前的法國；櫃子彷彿一棟建築物，使用過它的人們至今精神還蘊藏於其中。我在櫃子中放入一些水耕植物，最下層放入比較大型的植物，第2層則是葉片較長的植物，營造變化感；第3層反而布置得更加規律，最上層擺放具流動感的植物。布置好整個櫃子後，這個建築物就變成美術館了。

ART

繪畫作品

◎將原本生在自然中的苔蘚收納進一個畫框中。這個手工製作的畫作，是無法在自然環境中欣賞到的創作。作品採用法國拿破崙時代的畫框。如此莊嚴的畫框裡，曾經裝過什麼樣的畫作呢？我對它充滿了想像，畫作也愈來愈接近成品。為了完成作品，未來也會持續成長的植物是最重要的素材。最後將小型的水耕昆士蘭瓶幹樹固定在上面。

CHANDELIER

水晶吊燈

◎在好看且不會褪色的乾燥花、永生花，或者小燈泡散落的水晶吊燈上，加入絲葦或新玉綴等小型水耕植物。燈泡、植物與水形成一股和諧的氛圍。許多曾經綻放的花朵，以及現今生意盎然的植物一同打造了室內空間。不過，燈光具有熱度，植物沒辦法長期處於燈光的照射之下。雖然時間很短暫，但這如夢般確實存在的時刻，水晶吊燈早已將它存入記憶中。

SPECIMEN BOX

標本櫃

◎不論男女老少，假設某個人搜集了自己喜歡的事物，這時會在展示櫃中擺放什麼樣的東西呢？我一邊想像這個問題，一邊將植物放入小型的正方形玻璃櫃當中。除了小巧精緻的水耕植物之外，還有一些他人或許無法理解其蘊藏美好之處的珍藏之物，我將這些小盒子、小石頭或空瓶子也一同擺放進去，完成一個能夠透視主人內心的標本櫃。

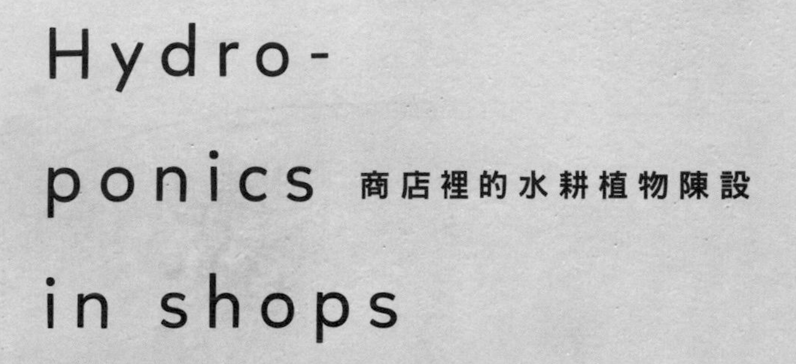

Hydro-ponics in shops 商店裡的水耕植物陳設

店面如同居家空間，許多店家都希望打造出適合自家風格的室內裝潢。
其中有很多可用來裝潢居家空間的好點子。
接下來將走訪「無相創」公司設計的店家，參觀水耕植物的室內陳列。
請從中找出可活用自己居家環境的靈感。
如何在室內空間中發揮植物的效果？如果能找到更多新發現就太好了。

7

shop 1 美髮店

a

b

a. 以混凝土為風格基調，空間帶有無機物感，給人一種放鬆的感覺
b. 入口處的水耕植物能夠吸引客人的目光
c. 將鹿角蕨吊起來，空氣鳳梨也以水耕的方式栽培
d. 貼著牆面的附生蘭，存在感十足

[Shop information]
小さなmaison
https://beauty.hotpepper.jp/slnH000318379/
東京都杉並區松庵3-25-10 1樓
Tel: 03-3332-7802

正因為是充滿無機物的空間，才能烘托出植物的生命力

◎牆面或天花板的裝潢採用水泥材質，梳妝台等日常家具也施加混凝土，將無機物的氣氛營造得淋漓盡致。這個裝潢風格出自於店主的想法，他希望藉此「襯托出客人最好的面貌」。

◎但是，如果裝潢只有這樣，會給人一種冷冰冰的緊張感。為了讓客人放鬆心情，平時會在各個地方擺放乾燥花、盆栽植物或切花。利用植物裝飾空間，可以表現出季節變化感。美髮造型屬於時尚的一環，或許這些設計都是不可或缺的小細節。

◎灰色空間大幅提升了店內的時尚感。灰色背景與綠色植物互相襯托著彼此。水耕植物不管放哪裡、怎麼擺都是一樣的，但將植物吊掛在牆上，似乎能讓空間散發出一股優雅的氣息。

shop

2 咖啡店

a

a. 櫃台上的水耕植物面對著街道，彷彿店面的招牌人物
b. 將景天屬植物掛在鐵製燈具下方
c. 不只咖啡，提供客人更多放鬆的元素
d. 放在厚實的舊木材上

或許，植物擁有
展現咖啡格調的力量

◎這家咖啡店以「生活中的一小片刻，品嚐一杯值得的咖啡」為理念，提供客人精品咖啡。他們提供的咖啡確實「值得」讓人專程跑一趟。雖然咖啡的味道難以用言語形容，但我想到，或許植物擁有傳達咖啡風味的能力。
◎金獅子仙人掌是我第一個想要「帶去店裡」的植物，雖然金獅子的外型並不特殊，但卻很有個性，根部也十分獨特。我們將金獅子放在鐵器與舊木材製成的檯面上。希望能將店家對「咖啡」樸實的堅持傳達給客人。

[Shop information]
◎IRON COFFEE
https://iron-coffee.com/index.html
東京都世田谷區豪德寺1-18-9
Tel: 未公開

shop
3
美髮店、美甲店
a

b

a. 大窗戶旁的植物面對街道，成為展開交流的契機
b. 「這個植物是種在水裡嗎？」水耕植物獨特的樣貌，一看便引起話題
c. 植物以許多木材為背景，陳列在牆邊的小空間裡
d. 周圍都是杉木的洗頭區上，擺著一株仙人掌
e. 吊掛起來的空氣鳳梨

從玻璃窗外一瞥植物，鄰近居民所感受到的無比親切感

◎將無法增建或改建的老房子整個翻新。1樓是美甲店，2樓則是美髮店。運用房屋本身的木造結構，在古老的建築中添加現代感，賦予新生命。
◎這家店的特色在於不分客人或經過的人，都能欣賞到美麗的花朵擺設。店內陳列著平時很少見的稀有花朵，也因此增加了交流機會。客人會詢問今天裝飾花朵的品種，或是做美甲時指定與花朵相同的顏色。
◎除此之外，我們也嘗試陳列一些水耕栽培的植物。
◎「水耕植物擁有不同於花朵的生命感。如果只放花，有時看起來會太甜美，而水耕植物則可以讓氣氛更加中性。水也能在玻璃容器中散發出明亮的感覺。」這是每天與花朵為伍的店主的想法。

[Shop information]
◎人トナリ
https://www.instagram.com/tominaga002/?hl=ja
東京都澀谷區神宮前2-19-2
Tel: 未公開

shop 4 選貨店

a. 睡蓮在寧靜的空間中散發出柔和的氣息
b. 架上擺放著許多經過嚴選的商品，大戟屬多肉在商品之間微微一笑
c. 陽光透過塑膠瓦楞板散發神奇光芒，曇花屬仙人掌沐浴在陽光之下
d. 在店裡中央的桌子上，擺放一株大型植物（幌傘楓屬）
e. 如同物件般的附生蘭

再寧靜的空間，
水耕植物都能掀起波瀾

◎店裡有日本古物、現代藝術、意想不到的日用品，商品架或桌上只會陳列店主認可的物品。打開店門便進入了四處皆寧靜的時光中。
◎如此靜謐的時光下，似乎可以聽到植物根部吸收瓶中水分的聲音，以及氧氣擴散時的聲音。清澈的空氣透出一股寧靜，植物的生命彷彿掀起了漣漪。
◎這個空間十分安靜，聽得到植物的聲音。我發現，除了用眼睛欣賞植物外，還能透過聆聽聲音來感受植物。在一片寂靜的房間中度過黎明時刻，窺探水耕植物是此時的一大樂趣。

[Shop information]
poubelle
https://www.instagram.com/poubelle0702/?hl=ja
東京都杉並區西萩北3-42-5
Tel: 未公開

shop

5 美髮店

a

b

c

a. 以混凝土牆為背景，在體育館地板材質組成的展示台上擺放水耕植物
b. 音樂或時尚主題的西洋書籍，很適合搭配帥氣的千里光屬多肉
c. 在混凝土砌塊堆疊而成的牆壁上，添加一些裝飾
d. 屋外綠色的行道樹影，搭配擺在白磚窗前的金星仙人球
e. 採用混凝土、牆磚、霓虹燈裝潢的店內形象

[Shop information]
Randall
https://randall-hair.com/
東京都世田谷區櫻丘5-46-9
Tel: 03-6339-9519

在特立獨行的空間中，靜置生意盎然的植物

◎擺脫迎合大眾口味的設計，目標是打造出有稜有角、風格強烈的室內裝潢。為了平衡「有稜有角」的感覺，平時會擺放一些植物。
◎比起乾燥花或永生花，店主更喜歡活著的真花或觀葉植物。在地板上重複疊加樹脂砂漿塗料，帶有光澤感的地面映出植物的影子，這是待在店家裡的樂趣之一。現在待在家裡的時間變多了，許多家庭對植物愈來愈感興趣，弄頭髮的過程中，聊起植物相關話題的頻率也變多了。
◎採用大片灰色牆壁和白磚的室內設計，彷彿理所當然一般，裝潢和水耕植物十分速配。洗頭間裡有窗戶，光線可以透進來。陽光穿過屋外行道樹進入室內，散發柔和氣息，包裹著白磚上的金星仙人球。燒過的牆磚與玻璃容器培養的植物是很不錯的搭配組合。

shop

6 二手書店

a

b

a. 店裡的訪客因為書籍而聚在一起
b. 水耕植物吸收了書籍與昭和時代物品所乘載的光陰
c. 將假人模特兒放在另一側，水耕植物則放在古董縫紉機上
d. 以拼貼畫為背景

水耕植物伴著我們
在書堆中度過舒適的時光

◎這間二手書店有許多二手書和老闆的特別收藏品，有許多客人聚集在店裡中間的展示台。這家店大量使用舊木材或舊家具。來訪的客人在此停留片刻，手裡拿著咖啡或紅酒，各自享受著愜意的時光。
◎我們在這個空間裡陳列了水耕植物。鮮活的植物與二手書經過一段時間的淬鍊，彼此的關係很親近。它們彷彿相伴彼此，散發出令人意外的和諧氛圍。如果家中的書櫃裡有放幾本珍愛的書，那麼很推薦你用水耕植物裝飾書櫃。

[Shop information]
アルスクモノイ
https://arskumonoi.net/
東京都新宿區西五軒町 10-1
Tel: 03-6265-0849

shop
7
飾品店
a

b

a. 推開店門，便受到莊嚴的空間與植物的吸引
b. 展示珠寶的桌面上，擺著一株作為配角的大戟屬植物
c. 用來與客人進行討論的桌子上，
大戟屬植物、水、玻璃正在呼吸
d. 寧靜的時光在店裡流動

[Shop information]
裝身具 LCF
https://www.lcf77.com/
東京都大田區北千束1-67-7本橋店面1樓
Tel: 03-6421-2903

在經過計算的空間中，水耕植物緩解了緊張感

◎這家飾品店的老闆親手製作珠寶，並將珠寶直接交給對商品產生共鳴的客人手中。店內商品幾乎都只有一件，不會進行量產。

◎為了傳遞珠寶製作人的意念，店裡的珠寶或舊家具都經過嚴謹地陳設。不過，有些客人可能會覺得氣氛有點沉重。於是我們在各處擺放水耕植物，希望營造明亮、親切、溫馨的感覺。

◎在店裡擺設水耕植物。中間有一個用來展示珠寶的桌子，上面擺著一株大型大戟屬多肉植物。畢竟珠寶是製作人的能量結晶，如果在珠寶旁邊放小型植物，我們認為這樣不夠強而有力。

◎店家內部有一間工作室，是珠寶誕生的地方。經過時間與多人之手製作而成的古老桌子，是客人與老闆進行討論的地點；我們在桌面上擺放形狀獨特的大戟屬多肉植物。自窗戶透進來的陽光形成玻璃容器的影子。

a

b

c

a. 店裡有許多復古家具或擺設
b. 有一株蘇鐵麒麟在搖曳的光波之下
c. 在白牆上搖晃的附生蘭
d. 長廊空間的小角落
e. 與窗簾同步晃動的附生蘭
f. 老舊的金屬家具與大型空氣鳳梨

[Shop information]
annabelle
https://f6products.com/
神奈川縣橫濱市青葉區美しが丘2-20-1-104
Tel: 045-482-4026

灰泥漆成的白牆上，水耕植物展現店家的美學

◎這家女性選貨店追求大眾風格，從服飾、鞋款到包包，所有時尚相關商品皆經過店家嚴選。其他樓層中則有販售特別的作家手工製作的商品，或是季節限定的商品；另外還有設置不定期提供生活風格提案的長廊空間。
◎「花朵具有舒緩人心的力量。」店家平時樂於運用花朵來打造空間。聽說店家為了讓試搭衣服的客人感受到一絲感動之情，特別將花放在能映入鏡子的位置。
◎我們嘗試在這家店裡擺設水耕植物。主要使用在長廊空間，因為灰泥塗料漆成的白牆更能將植物襯托出來。以白牆為背景，將植物放在有格調的古董家具上，或是吊掛在牆上，美麗的植物非常適合這家店的美學風格。

APPENDIX

plants list

書中登場的植物清單

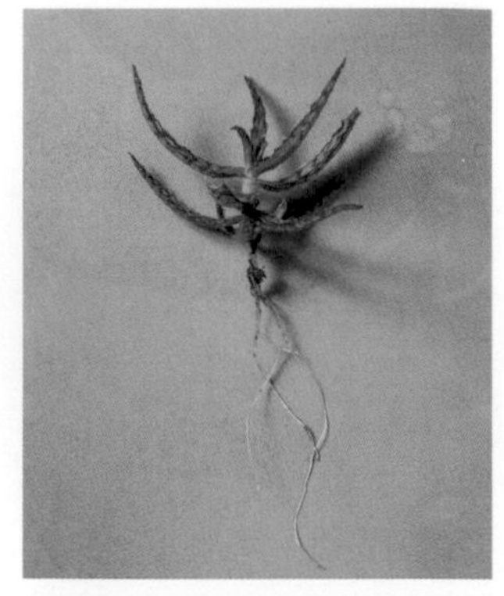

蘆薈屬
→ P4、5、24、25

喜岩蘆薈
→ P16、57、60、83

龍樹科 Alluaudia 屬
→ P5

擬石蓮屬
→ P7、44、50

擬石蓮屬
→ P4、43

擬石蓮屬
→ P4、5、6、38、52

擬石蓮屬
→ P7、56、64、65

鋸齒曇花
→ P3、4、5、6、38、52、58、61、64、65

白雪姬臥牛
→ P55、56、60

雙飛蝴蝶
→ P63

月兔耳
→ P4、5、36、64

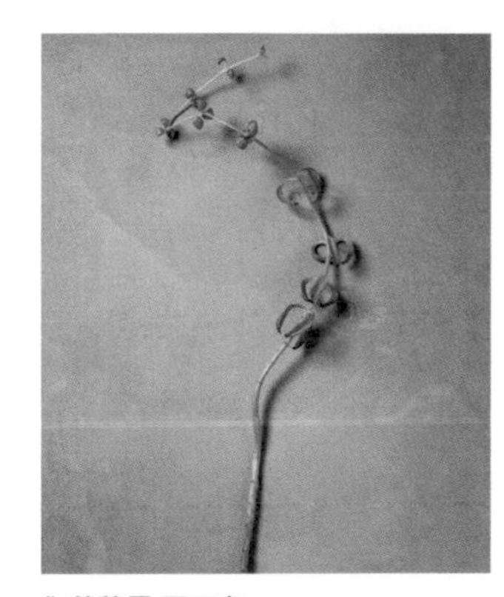

伽藍菜屬 不死鳥
→ P3、17、52、54、64、65

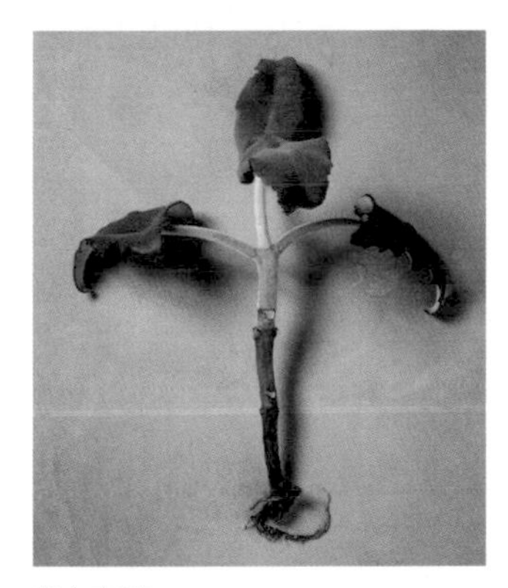

仙女之舞
→ P5、57、60

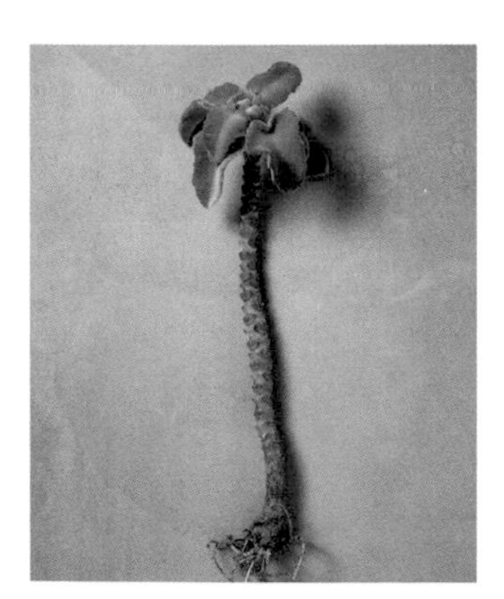

仙女之舞
→ P77

天龍
→ P5

NEXT⇒
下一頁是 **仙人掌**

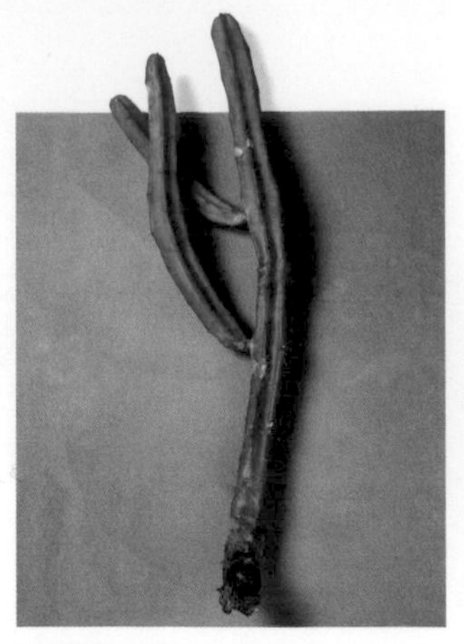

（柱狀仙人掌）
→ P15

一種仙人掌
→ P55、56

幻樂
→ P83

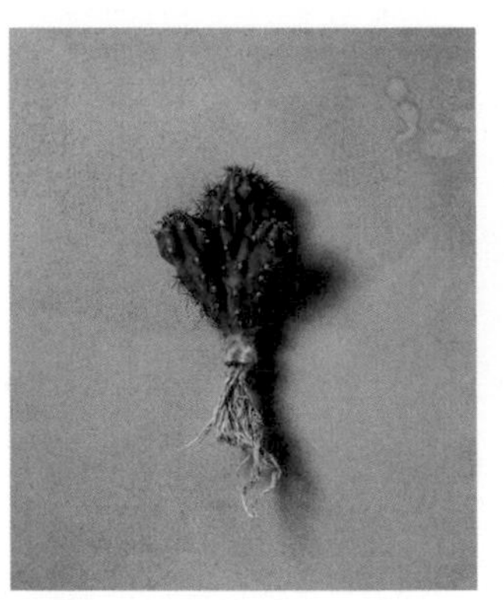

金獅子
→ P43、74

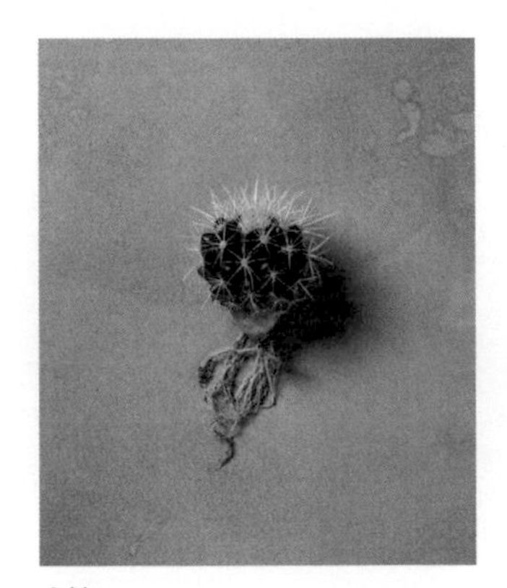

金鯱
→ P7、42、45、50、64、75

金星仙人球
→ P3、34、81

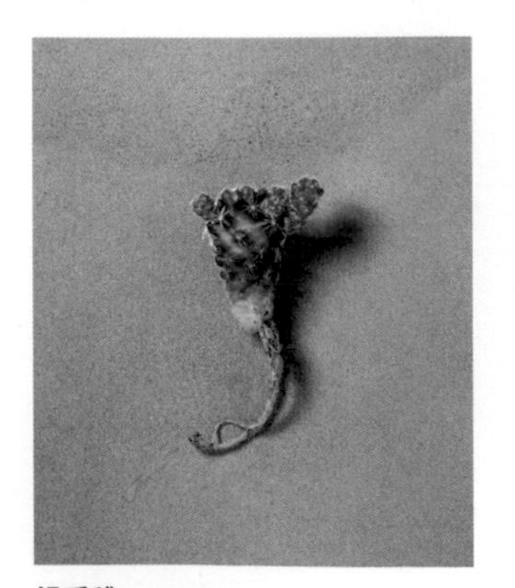

銀手毬
→ P51、55、56、60、68

黃金司
→ P21、22、23、25、76

墨烏帽子
→ P77

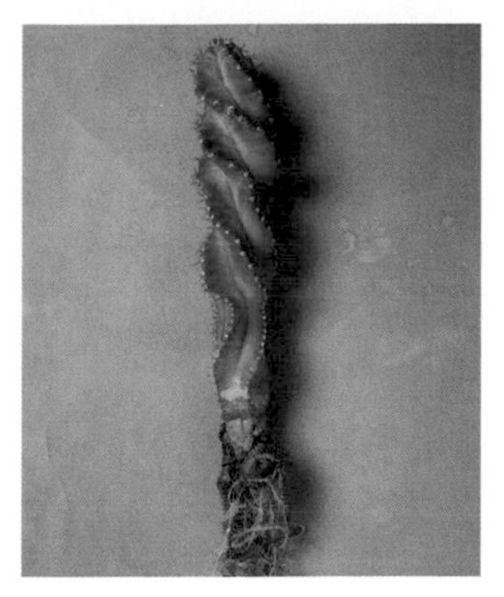

旋轉神代
→ P5

無刺短毛丸
→ P1、10、23、25、82

緋牡丹
→ P58、61

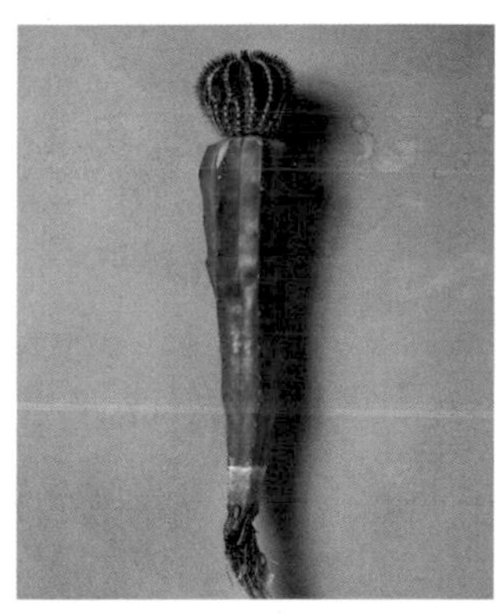

櫛極丸
→ P5

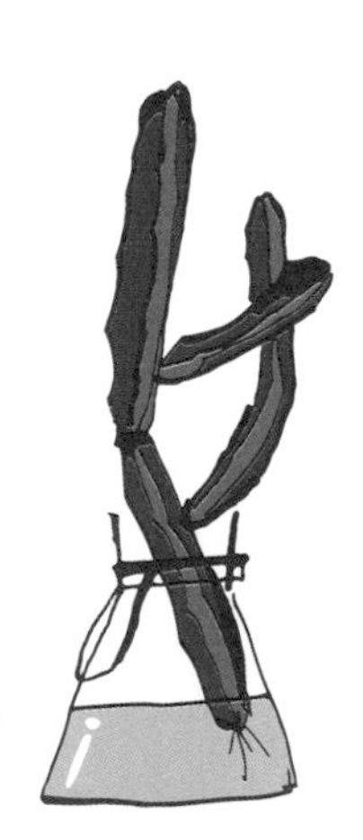

NEXT⇒
接下來登場的是、
虎尾蘭屬
佛甲草屬
千里光屬
龍血樹屬
十二卷屬
瓶幹樹屬
幌傘楓屬
以及
大戟屬
絲葦屬
神閣柱屬

武士虎尾蘭
→ P86

佛手虎尾蘭
→ P4、57、72

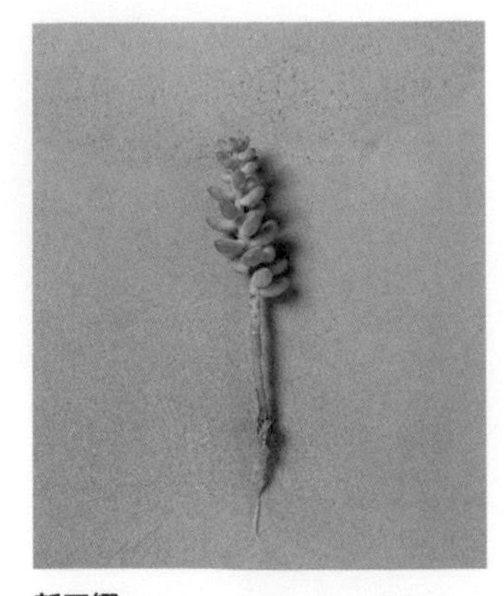

新玉綴
→ P4、5、6、38、64、65、67

一種佛甲草
→ P75

千里光屬
→ P57、64、65、80

鑲邊竹蕉
→ P59、61

十二卷屬
→ P8

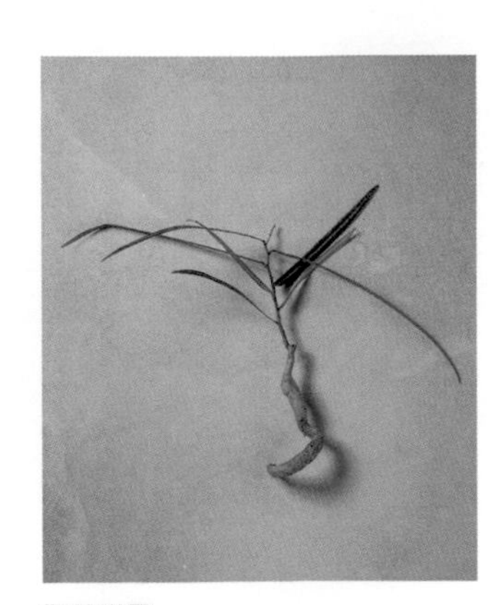

瓶幹樹屬
→ P10、11、12、66、69

幌傘楓屬
→ P64、69、79

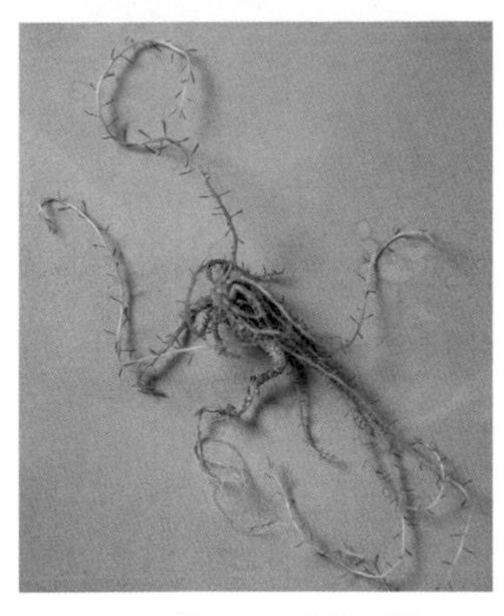

Euphorbia Flanaganii的一種
→ P40、64、65

怪魔玉
→ P86

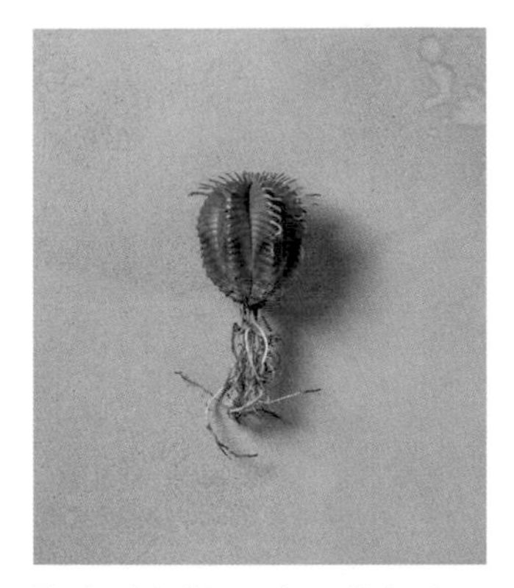

Euphorbia Chameleon Helmet
→ P36、80

膨珊瑚綴化
→ P85

紅彩閣
→ P58、61

琉璃晃
→ P7、30、32、33、75

大正麒麟
→ P78

春峰
→ P10、19、25、84

稚兒麒麟
→ P8、28、29、64、65、82

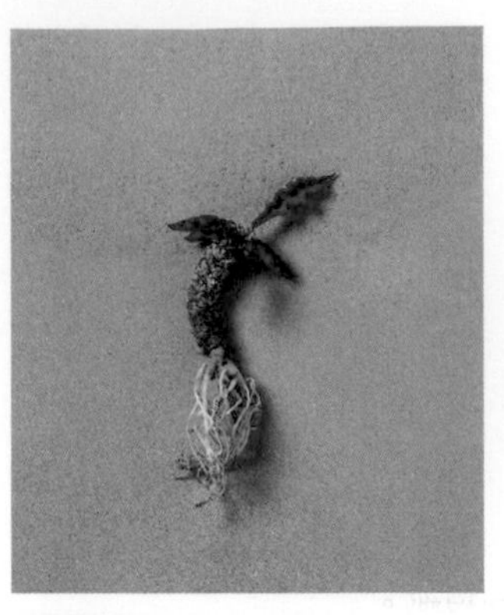

皺葉麒麟
→ P3、43、45、49、58、59、61、68、69、75、80

單刺麒麟
→ P8

白化帝錦
→ P28、29

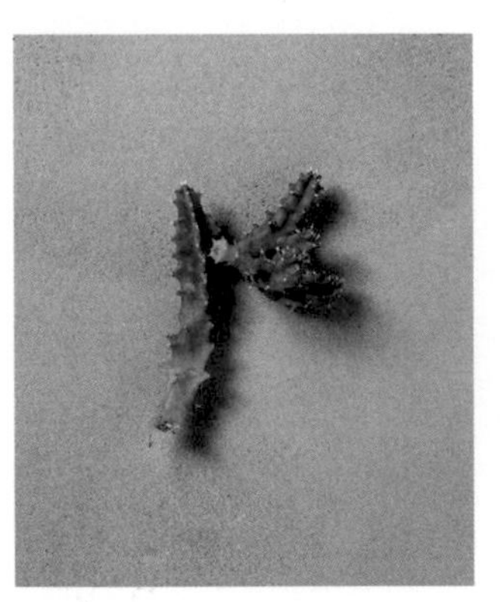

縞馬
→ P46、48、55、56、60、64

縞馬
→ P26、27

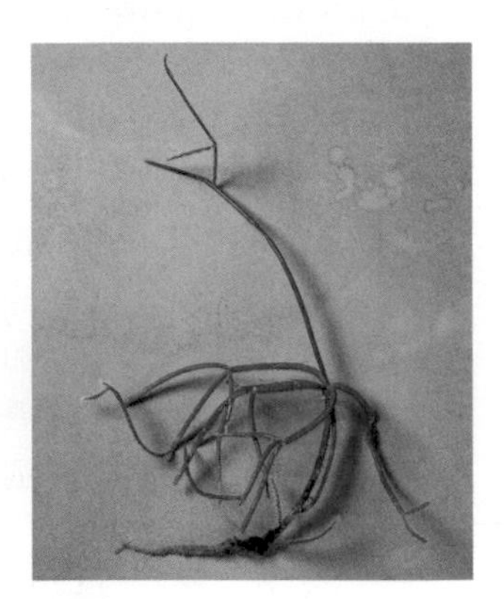

絲葦屬
→ P67

絲葦屬
→ P64、65、67

後記

長期接觸水耕栽培後，我最近發現了一件事。
那就是土壤與水耕栽培植物之間，有一個決定性的不同。

土壤栽培的情況下，通常植物的根部會在盆栽中大量生長。
平常雖然看不到土中的根部情況，但進行移植等作業時就會留意到根部。
但另一方面，水耕植物的根部卻會在發展到一定的長度後停止生長。
像塊根植物這類具有塊狀根系的植物，如果採用水耕栽培，
根部長到某個程度後，就不會再長大了。

或許植物並非無止境地生長，而是因應著生命的循環生長。
這也可能是因為，植物只能吸收到自來水中的少量營養。
但我不禁開始思考，植物這種生命體，真的需要更多的營養嗎？

隨著與水耕植物一同度過的時光變多，
我總覺得比起期望的得到更多，珍惜現在所擁有的事物，
植物就能為我們帶來莫大的幸福。

有植物相伴的生活，隨著愉快的充實感而來的，
是許許多多令人驚奇的感悟。

為了讓讀者與植物一同生活，這本書提供了水耕栽培的提案。
如果對植物缺乏感情就很難持續下去，當然也無法與植物建立良好的關係，
所以我要祝福所有讀者，希望各位都能遇到喜愛的植物！

米原政一

米原政一
Yonehara Masakazu

無相創公司的代表人，提供住宅與店鋪的翻新設計服務。
活用原有事物，在合適的位置安置古董與植物以打造空間。
現今主要風格是以自然素材作為建築材料，運用自然通風的方式，與植物共同創造健康的生活環境。

製作協力　FILE Publications, inc.

統籌　駒崎さかえ（FPI）

封面設計　OTSD
版型　平尾太一（FPI）
內文設計　東山 巧（FPI）

攝影　橫田秀樹
店家照片拍攝　井上隆司（P24、70～87）
攝影協力　無相創

插圖　竹内なおこ

編集協力　青山一子、伊武よう子

水耕栽培多肉植物

出　　版／楓葉社文化事業有限公司
地　　址／新北市板橋區信義路163巷3號10樓
郵政劃撥／19907596　楓書坊文化出版社
網　　址／www.maplebook.com.tw
電　　話／02-2957-6096
傳　　真／02-2957-6435
作　　者／米原政一
翻　　譯／林芷柔
責任編輯／江婉瑄
內文排版／楊亞容
校　　對／邱鈺萱
港澳經銷／泛華發行代理有限公司
定　　價／320元
出版日期／2021年11月

國家圖書館出版品預行編目資料

水耕栽培多肉植物 / 米原政一作；林芷柔翻譯. -- 初版. -- 新北市：楓葉社文化事業有限公司, 2021.11　面；　公分

ISBN 978-986-370-328-0（平裝）

1. 多肉植物　2. 無土栽培

435.48　　110014682